标本 14

两栖爬行动物
手册

未小读
人文科普系列
女性开拓者小传

龙医生与
科莫多巨蜥

两栖爬行动物学家琼·普罗科特

〔美〕帕特里夏·瓦尔迪兹 著

〔澳〕菲丽琪塔·萨拉 绘

徐海幈 译

未小读
UnRead Kids

北京联合出版公司
Beijing United Publishing Co.,Ltd.

献给马蒂奥和玛雅，愿你们永远无所畏惧。
——帕特里夏·瓦尔迪兹

献给科学家塞缪尔。
——菲丽琪塔·萨拉

图书在版编目 (CIP) 数据

龙医生与科莫多巨蜥 / (美) 帕特里夏·瓦尔迪兹著;
(澳) 菲丽琪塔·萨拉绘; 徐海幈译 . — 北京: 北京联
合出版公司, 2020.5 (2022.3 重印)
ISBN 978-7-5596-4002-4

Ⅰ . ①龙… Ⅱ . ①帕… ②菲… ③徐… Ⅲ . ①巨蜥科
—儿童读物 Ⅳ . ① Q959.6-49

中国版本图书馆 CIP 数据核字 (2020) 第 034739 号

JOAN PROCTER, DRAGON DOCTOR

by Patricia Valdez
illustrated by Felicita Sala

Text copyright © 2018 by Patricia Valdez
Jacket art and interior illustrations copyright © 2018 by Felicita Sala
All rights reserved. Published in the United States by Alfred A. Knopf,
an imprint of Random House Children's Books, a division of Penguin
Random House LLC, New York.
Photo of Joan Procter and Ramases copyright © the Mistresses and
Fellows, Girton College, Cambridge
Photo of Joan Procter © the Zoological Society of London
Photos of Joan Procter's paintings © the Zoological Society of London
This translation published by arrangement with Random House
Children's Books, a division of Penguin Random House LLC
Simplified Chinese edition copyright © 2020 by United Sky (Beijing)
New Media Co., Ltd.
All rights reserved.

北京市版权局著作权合同登记号 图字: 01-2020-1085 号

龙医生与科莫多巨蜥

〔美〕帕特里夏·瓦尔迪兹 著
〔澳〕菲丽琪塔·萨拉 绘
徐海幈 译

选题策划	联合天际
特约编辑	毕 婷
责任编辑	牛炜征
美术编辑	程 阁
封面设计	徐 婕

出 版	北京联合出版公司 北京市西城区德外大街 83 号楼 9 层 100088
发 行	北京联合天畅文化传播有限公司
印 刷	天津联城印刷有限公司
经 销	新华书店
字 数	10 千字
开 本	889 毫米 × 1194 毫米 1/16 2.5 印张
版 次	2020 年 5 月第 1 版 2022 年 3 月第 2 次印刷
I S B N	978-7-5596-4002-4
定 价	42.00 元

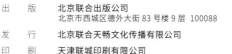

未小读
UnRead Kids
和世界一起长大

未读 CLUB
会员服务平台

本书若有质量问题, 请与本公司图书销售中心联系调换
电话: (010) 52435752

在那个长裙和下午茶盛行的时代，一个名叫琼·普罗科特的小女孩会举办茶会款待她最不同寻常的宾客。

这些客人滑溜溜的，还长着鳞片。它们会撞翻茶杯，它们会慢吞吞地从松饼盘子旁边爬过去。

当其他女孩在读龙和公主的故事时，琼读的却是有关蜥蜴和鳄鱼的故事。无论走到哪儿，陪伴她的都是她心爱的蜥蜴，而不是布娃娃。

每天放学后，琼都会钻进自己的卧室，在房间里研究蜥蜴、蛇和乌龟。她就像科学家一样，仔仔细细地做着笔记。

在琼病到不能上学的日子里，那些小小的脚趾和热切的眼睛总是能够让她打起精神来。爬行动物都是安安静静的，一副警觉的模样，就像琼一样。

在十六岁生日的时候，琼得到了一份非常奇怪的礼物——一只鳄鱼宝宝！她在小鳄鱼身上系了一根细细的丝带，就这样带着小鳄鱼去散步。

有一天，她甚至带着它去上数学课。

同学们都尖叫了起来！

老师也缩到了后面！

显然，鳄鱼在学校里并不受欢迎。

琼长大后，她没有和朋友一起去参加聚会、去跳舞，
而是去了自然历史博物馆，找到爬行动物和鱼类的管理员。

在博物馆里，琼和这位管理员聊着蛇的鳞片——尺寸、形状、质地、花纹，甚至是鳞片的进化过程。有时候，琼会偷偷地把自己的鳄鱼带进博物馆，这让管理员很开心。他一下子就明白了琼是一个很特别的孩子。

没过多久，无忧无虑的日子结束了。英国陷入了战争。女人承担起男人们丢下的工作。

管理员发现博物馆也人手不足，于是他聘请琼当他的助手。

　　琼在自然历史博物馆里工作得十分出色。作为一名科学家，她调查了博物馆里数量巨大的藏品，发表了有关蝮蛇和饼干陆龟的研究论文；作为一名艺术家，她为爬行动物展览创作出了精美的模型和绘画作品。

　　管理员退休后，琼接替了他的工作。战争结束，重返家园的男人们惊讶地发现管理博物馆的是一个女人。时代正在改变，琼开创了先河。

几年后，伦敦动物园决定更换陈旧过时的爬行动物场馆。动物园园长请琼为爬行动物们设计一个新家。

　　琼非常清楚什么样的环境能让爬行动物们感到幸福。她给这个新家增添了精心设计的照明系统和最先进的加热设备，这样就能给冷血动物们提供可以保暖的场所。她还给这个新家增添植物，制作了一些艺术品，模拟出每种动物在大自然里的生长环境。

琼在设计一个特别的展室时尤其用心和仔细。
当时，已经出现了这样的故事：在遥远的印度尼西亚科莫多岛上，生活着一种"凶猛的食人蜥蜴"，这种蜥蜴长着一条长长的、分叉的舌头。传言……

有九米长！跑得比汽车还快！
比公牛更强壮！它叫科莫多巨蜥，人们也把它叫作"科莫多龙"。

琼没有被传言吓住。
她梦想着能够对这种"龙"做一番近距离的研究。

在新的爬行动物馆向公众开放的那一天，动物园里挤满了前来参观的人。

他们盯着壁虎。

他们注视着大蟒蛇。

他们对巨蜥惊叹不已。

当来到琼设计的特殊展室前参观时，他们倒吸了一口冷气！

两只约两米长的科莫多龙也直勾勾地瞪着他们。

活生生的龙！

参观的游客们兴奋不已，可是琼有些担忧。因为
其中一只科莫多龙——桑巴瓦——看上去情况不太好。

动物园的游客们震惊了，琼竟然走进了科莫多龙的展室。

在六名紧张不安的饲养员的帮助下，
她将桑巴瓦转移到了爬行动物医疗室。

这条"龙"温顺地任凭琼清理着它嘴里发炎的伤口，没有丝毫
慌张和反抗。事实上，它还舔了舔琼的脸，以此对她表示感谢。

琼心想：桑巴瓦可真勇敢。

饲养员们都觉得琼可真勇敢。

有关琼和科莫多巨蜥的消息传开了。

记者们带着问题聚集到爬行动物馆。

她被咬过吗？

她害怕这些"龙"吗？

什么样的女人才能管理一座爬行动物馆？

其实，琼希望记者们能多问一问有关动物的问题。

琼关心爬行动物馆里的每一只动物。从日常的
身体健康检查到高难度的精细手术，她对事业的
投入和展现出的才华都无人能及。

世界各地的科学家们纷纷读到了琼的研究文章，了解到琼的研究工作、治疗动物的临床技能，还知道了新的爬行动物馆大获成功。琼在国际上引起了轰动。

　　伦敦动物学会邀请琼在一场科学会议上分享她对科莫多巨蜥的研究。当琼走上讲台时，她还将桑巴瓦也带到了讲台上。桑巴瓦随意地趴在一张大桌子上。观众在座位上局促不安地挪动着身体。

　　琼轻轻地摸了摸桑巴瓦的脑袋，给它喂了一只鸽子。桑巴瓦一口就把鸽子吞了下去。

在琼讲解的时候，桑巴瓦就在听众中间溜达着。琼告诉大家
有关科莫多巨蜥的报道都严重夸大了事实：它们能长到三米长，而
不是九米；它们跑得很快，但是不会像汽车那么快；它们有时候
很凶猛，但是通常都很温和。

琼的分享结束了，桑巴瓦回到了
她的身边。观众爆发出热烈的掌声。

琼对爬行动物的热情始终不曾减弱。在她的余生中，人们总是能看到她在桑巴瓦的陪伴下走在动物园里，或者坐着轮椅在动物园里穿行，桑巴瓦就在她的身旁。

　　就像小时候那样，琼常常在爬行动物馆里
为孩子们举办茶会，当然还有她那些一身鳞片
的朋友。桑巴瓦是茶会上的贵宾。

琼·比彻姆·普罗科特
（1897—1931）

1897年，琼·比彻姆·普罗科特出生在英国伦敦，她的父亲是约瑟夫·普罗科特，母亲是伊丽莎白·普罗科特。在10岁那年，琼开始收集蜥蜴和蛇。她总是随身带着自己心爱的宠物——一只达尔马提亚蜥蜴，而不是心爱的布娃娃。

琼进入伦敦圣保罗女子中学学习，但是由于患有慢性肠道疾病，她错过了很多课程。不过，琼是一个非常聪明的学生。年满16岁的时候，她得到了一份礼物——一只小鳄鱼。琼带着鳄鱼去了学校，结果

琼和她的鳄鱼拉玛赛斯

她的数学老师被吓坏了。

为了自己饲养的爬行动物，琼需要请教专家，她找到了自然历史博物馆爬行动物和鱼类馆的管理员乔治·鲍伦格，当时这座博物馆还是大英博物馆的一部分。琼给鲍伦格博士留下了深刻的印象。等她毕业后，鲍伦格博士就邀请她担任他的助手。这样的安排对琼来说非常适合，她的身体太差，使得她不能进入大学继续学习了。

琼在自然历史博物馆里表现出色，年仅19岁的时候就发表了自己的第一篇关于蝮蛇的学术论文。四年后，鲍伦格博士退休，琼接替了他的职务。琼成了一名了不起的爬虫学家（专门研究两栖动物和爬行动物的科学家）。琼凭借着对爬行动物的了解和天生的艺术才华，在从事科学研究的同时，还设计完成了一系列无与伦比的展览。

在自然历史博物馆大放异彩后，琼于1923年被任命为伦敦动物园的爬行动物馆馆长。她设计了新的爬行动物展馆。这座展馆最突出的特点就在于，利用了当时能获得的最先进的科技手段为展馆内的生物保持恒定的生活环境。琼还在设计中加入了一座爬行动物诊所。凭借对危险的动物——包括鳄鱼和蟒蛇——实施精细的眼部和口部手术，琼声名远扬。

加入伦敦动物园后，琼很快就接到了自然历史博物馆的爬虫学家马尔科姆·史密斯博士发来的一则好消息：史密斯博士

同荷属东印度群岛的总督达成了协议，要将两只科莫多巨蜥运往伦敦动物园。当时，人们对科莫多巨蜥几乎一无所知，只听说过一些有关这种生物的传言，如它有着极其庞大的体形、凶猛残暴的天性。琼立即按照科莫多巨蜥的生活习性在爬行动物馆内为它们设计了一处特别的展区。她在展室内安装了特殊的加热岩石、一座大型洞穴，以及一座游泳池。

两只雄性科莫多巨蜥桑巴和桑巴瓦，它们的名字来源于科莫多岛附近的印尼小岛，它们也是最先引入欧洲的活体科莫多巨蜥。经过漫长的航程之后，这两只科莫多巨蜥都很憔悴。琼对它们的伤口进行了调治，它们似乎对她的付出心存感激。这两只科莫多巨蜥的性情远比人们预想的温和，桑巴瓦更是和琼培养了深厚的感情。他们会一起在爬行动物馆里散步。最后，琼和桑巴瓦甚至会一起去户外散步。通过牵引尾巴，琼控制着桑巴瓦的方向。桑巴瓦还经常参加在动物园里举办的儿童茶会。

1928年10月23日，琼在伦敦动物学会举办的科学会议上讲述了自己对科莫多巨蜥的观察结果。桑巴瓦陪同她出席了报告会，在她讲话的过程中，它就自由自在地漫步在观众中间。

到了这个时候，长期折磨琼的疾病开始恶化了。在大部分日子里，她都处于痛苦中，可她还是努力参加着爬行动物馆的日常工作。在34岁的这一年，由于慢性疾病的并发症，琼在睡梦中溘然长逝。直到琼生命的最后时刻，动物园的参观者们还是会常常看到琼坐在轮椅上，桑巴瓦走在她的身旁。

直到今天，如果去伦敦动物园的话，你还会在爬行动物馆里看到一座大理石雕像，那是琼的半身像，她永远守护着馆内的动物。

科莫多龙

荷兰动物学家及爪哇岛的动物博物馆馆长彼得·欧文斯最先于1912年对科莫多龙（Varanus komodoensis，科莫多巨蜥）做了描述。这种肉食巨蜥的名称来源于人们发现它们的那座印度尼西亚岛屿。科莫多龙和鳄鱼、蛇、龟及其他种类的蜥蜴同属于爬行纲。科莫多龙被认为是世界上最大的活体蜥蜴，雄性和雌性的身长分别可以达到2.6米和2.3米。通常，雄性科莫多龙的体重在80至90千克，雌性的体重在68至72千克。迄今为止，在野外环境下发现的最大的一只科莫多龙长达3米，重达166千克！在野外环境下，科莫多龙的寿命大约为30年。

1927年，第一批活体科莫多龙声势浩大地被运抵欧洲。它们在伦敦动物园的爬行动物馆内展出。对科莫多龙的最早一批观察结果有很多都来自琼·普罗科特，这些观察结果显示出科莫多龙并不像很多人所宣称的那样是一种生性凶猛残暴的动物。

参考文献

霍华德·贝勒斯，"琼·比彻姆·普罗科特（1897—1931）"，《牛津国家人物传记大辞典》，伦敦：牛津大学出版社，2004。

E.G.布朗尔，"讣告：琼·B.普罗科特博士"，《自然》，1931年10月17日：664-665。

"动物园里的龙——两位饮食极其特殊的新住户"，《曼彻斯特卫报》，1927年6月17日：20。

"龙——来自东印度群岛的怪兽"，《泰晤士报》，1926年8月10日：15。

"英国女人痴迷于蛇——25岁的琼·普罗科特掌管伦敦动物园的爬行动物"，《温尼伯论坛报》，1923年8月15日：19。

"一只肥'龙'——动物园里的瘦身治疗"，《泰晤士报》，1929年3月2日：17。

E.W.麦克布莱德，"讣告"，伦敦林奈学会会议记录：1931—1932（1933），144：183-185。

查默斯·米切尔，"动物园里的爬行动物：新馆今日开放，科莫多'龙'"，《泰晤士报》，1927年6月15日：17。

"讣告：琼·比彻姆·普罗科特小姐"，《曼彻斯特卫报》，1931年9月21日：10。

"讣告：琼·普罗科特小姐——天才动物学家"，《泰晤士报》，1931年9月21日：14。

魏格尔·平克利，"女孩管起了伦敦动物园的爬行动物馆"，《芒特卡梅尔新闻》，1929年12月28日：4。

琼·比彻姆·普罗科特，"存活至今的龙"，《动物世界的奇迹·第一卷》（第四章），J.A.哈默顿（编），伦敦：韦弗利图书有限公司，1928—1929：32-41。

琼·比彻姆·普罗科特，"有关在科学会议上展出的一只活体科莫多龙，Varanus komodoensis（欧文斯）"，伦敦动物学会会议记录，1928：1017-1019。

"科学进步——为爬行动物提供电暖设施，动物园的试验"，《泰晤士报》，1926年8月2日：13。

"寻找'龙'"，《曼彻斯特卫报》，1926年8月4日：14。

"活生生的蛇和一位热爱它们的女士——伦敦的爬行动物馆馆长"，《广告报》（澳大利亚，阿德莱德），1930年1月4日：13。

"新闻女性——动物园里的一名馆长"，《曼彻斯特卫报》，1923年7月21日：8。

"动物园失去了珍稀品种的蜥蜴：巨蜥逝世——温顺的桑巴瓦"，《观察家报》，1934年2月4日：26。

"伦敦动物学会在国际妇女节当天为琼·普罗科特博士举行纪念活动"，《伦敦动物学会伦敦动物园》，2014年3月7日：

zsl.org/zsl-london-zoo/news/zsl-celebrates-dr-joan-procter-for-international-womens-day。

爬行动物馆还展出了某些种类的两栖动物。这些是琼·普罗科特为自己照料的动物亲手绘制的画作。